P9-AGM-624

Ina Cumpiano

ilustrado con fotos

Hampton-Brown Books
P.O. Box 223220
Carmel, California 93922

Printed in the United States of America
ISBN 1-56334-045-3

91 92 93 94 95 96 97 98 99 00 10 9 8 7 6 5 4 3 2 1

Illustrations: Sharron O'Neil
Photographs: AllStock: cover(igloo), p. 22a; Animals/Animals: cover inset (fish), back cover insets (raccoons, beaver), pp. 1a, 2a, 3a, 3c, 6, 7b, 12a, 12b, 12c, 13, 14; Earth Scenes: back cover insets (Manhattan, Kenya), pp. 2b, 3b, 9b, 15, 23b, 23c, 24a, 24b, 24c; Photo Researchers: cover insets (owl, sampans), back cover inset (kangaroo rats), pp. 1b, 1c, 7a, 8a, 8b, 9a, 18, 19a, 19b, 20, 22b, 23a

Hay muchos tipos de casas de animales y muchos tipos de casas de personas. Y todas son distintas. Las casas varían según la persona o el animal que vive en ellas y el lugar donde se encuentran.

¿QUIÉN VIVE EN LA CIUDAD?

La ciudad es un lugar lleno de gente y de movimiento. Hay edificios muy altos donde viven muchísimas personas, algunas con sus animales. En la ciudad también viven algunos animales **no domesticados**, es decir, sin dueño.

ardilla

nido en el hoyo de un árbol

paloma

colibrí

sinsonte

mariposa

nido de ramitas

golondrina
FRUTAS Y VERDURAS
5
nido de paja
gato
perro
gorrión

Las golondrinas comen y beben en el aire, ¡sin parar de volar! Cuando quieren comer, agarran un insecto en el aire con su boca grandísima. Cuando quieren tomar agua, bajan a un charco o un arroyo y pasan el pico por el agua, sin posarse.

La golondrina es un pájaro que vive en la ciudad. A veces pone su nido bajo los aleros de un edificio. Construye su nido pegando juntas muchísimas bolitas de barro. El nido tiene forma de botella o jarra, con la entrada hacia abajo.

La ardilla también vive en la ciudad. Vive en parques y barrios donde hay árboles. También hace un nido. Pone su nido en el tronco de un árbol o en una rama muy alta.

Estas ardillitas acaban de salir del nido.

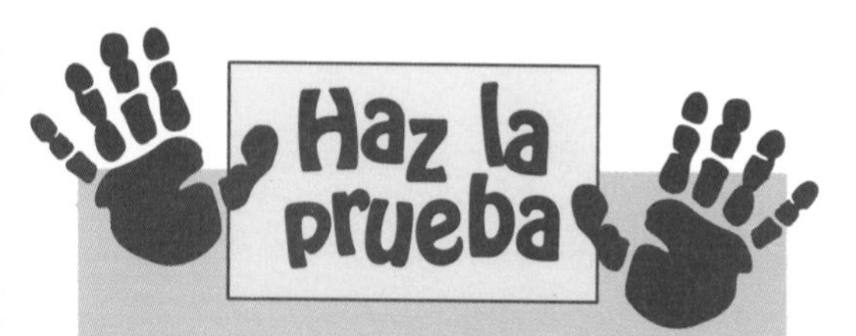

Hablen de los animales que tiene en casa cada uno. Hagan una tabla como la siguiente para mostrar cuántos de cada animal tiene cada uno.

ANIMALES EN CASA

gatos	María, María, Juan
perros	María, Juan, Paco, Eva
peces	Eva, Paco
pájaros	Paco

Los gatos y los perros también viven en la ciudad. Viven en casas o apartamentos con sus dueños, que los cuidan y les dan de comer.

Si tú también vives en la ciudad, quizás vivas en una **casa de apartamentos** como ésta. En las casas de apartamentos, mucha gente puede vivir en muy poco espacio.

El presidente de los Estados Unidos vive en la ciudad de Washington, D.C. Su casa se llama la Casa Blanca.

¿QUIÉN VIVE EN EL BOSQUE?

El bosque es oscuro y fresco porque los árboles no dejan pasar mucha luz del sol. Muchos animales viven en el bosque. Algunos viven en los árboles. Otros viven en las cuevas y los ríos del bosque.

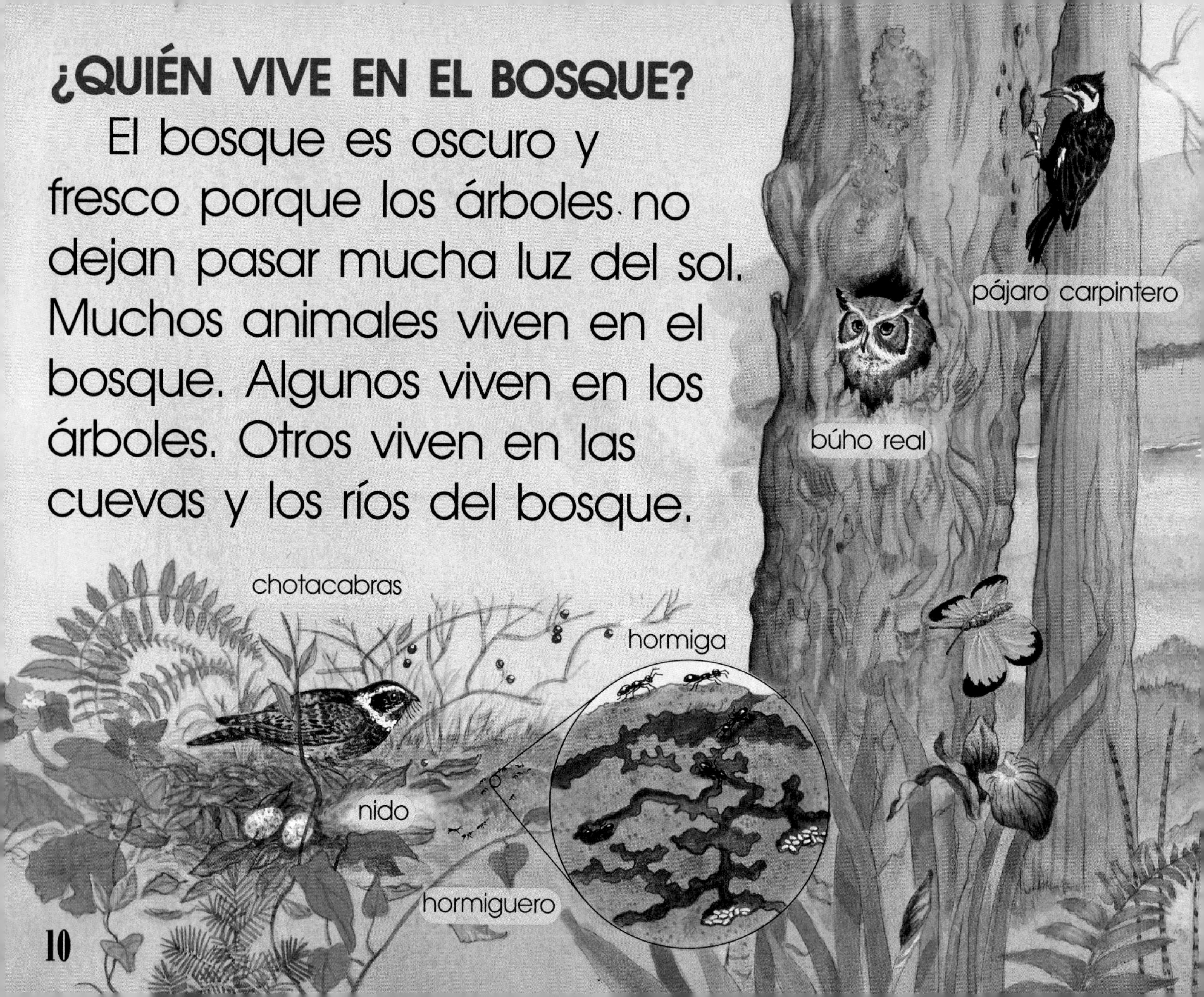

halcón
venado
madriguera
lobo
castor
mapache
zorrillo
oso pardo
madriguera
martín pescador
ardilla
ardilla listada
rana

araña

pájaro carpintero

mapache

Los árboles les sirven de casa a muchos animales. Cada árbol del bosque es como un edificio. Distintos animales viven en los distintos "pisos".

El oso pardo también vive en el bosque. En el otoño, prepara una **madriguera**, o casa, en una cueva o bajo las raíces de un árbol. En la madriguera, hace una cama de hojas y palitos. Ahí duerme durante todo el invierno.

Al castor lo encuentras en el río. Hace un dique de palitos y ramas de árboles. Allí construye su madriguera.

La entrada a la madriguera está debajo del agua. La familia castor vive en el cuarto de arriba, que es seco y calientito.

Hay personas que también viven en el bosque. A veces hacen sus casas de troncos de árboles, porque en el bosque es fácil conseguir troncos. ¿Crees que te gustaría vivir en una cabaña de troncos?

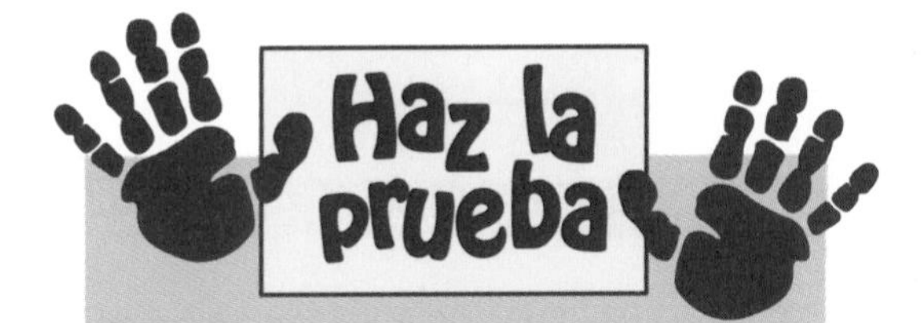

Trabaja con un compañero para hacer una cabaña. Corten una puerta y una ventana en una caja pequeña. Peguen palitos en los lados de la caja. Hagan el techo con un pedazo de cartón doblado por la mitad. Péguenle el techo a la cabaña.

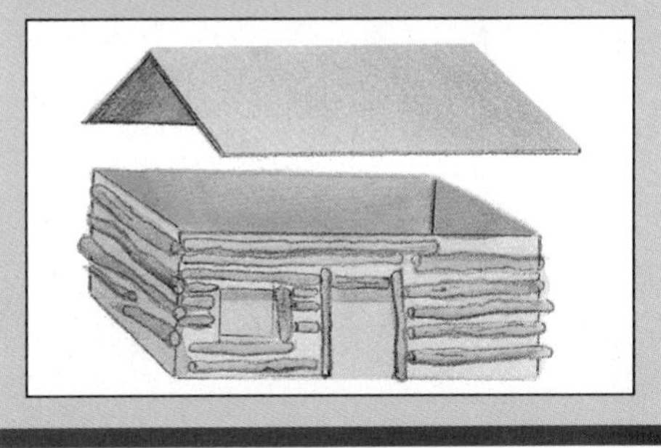

¿QUIÉN VIVE EN EL DESIERTO?

En el desierto hace mucho calor durante el día. Por eso, muchos de los habitantes del desierto salen sólo de noche, cuando hace más fresco. De día, se esconden en sus cuevas, en sus hoyos o en sus nidos para escapar del calor del sol.

pájaro carpintero

lechuza enana

iguana

nido

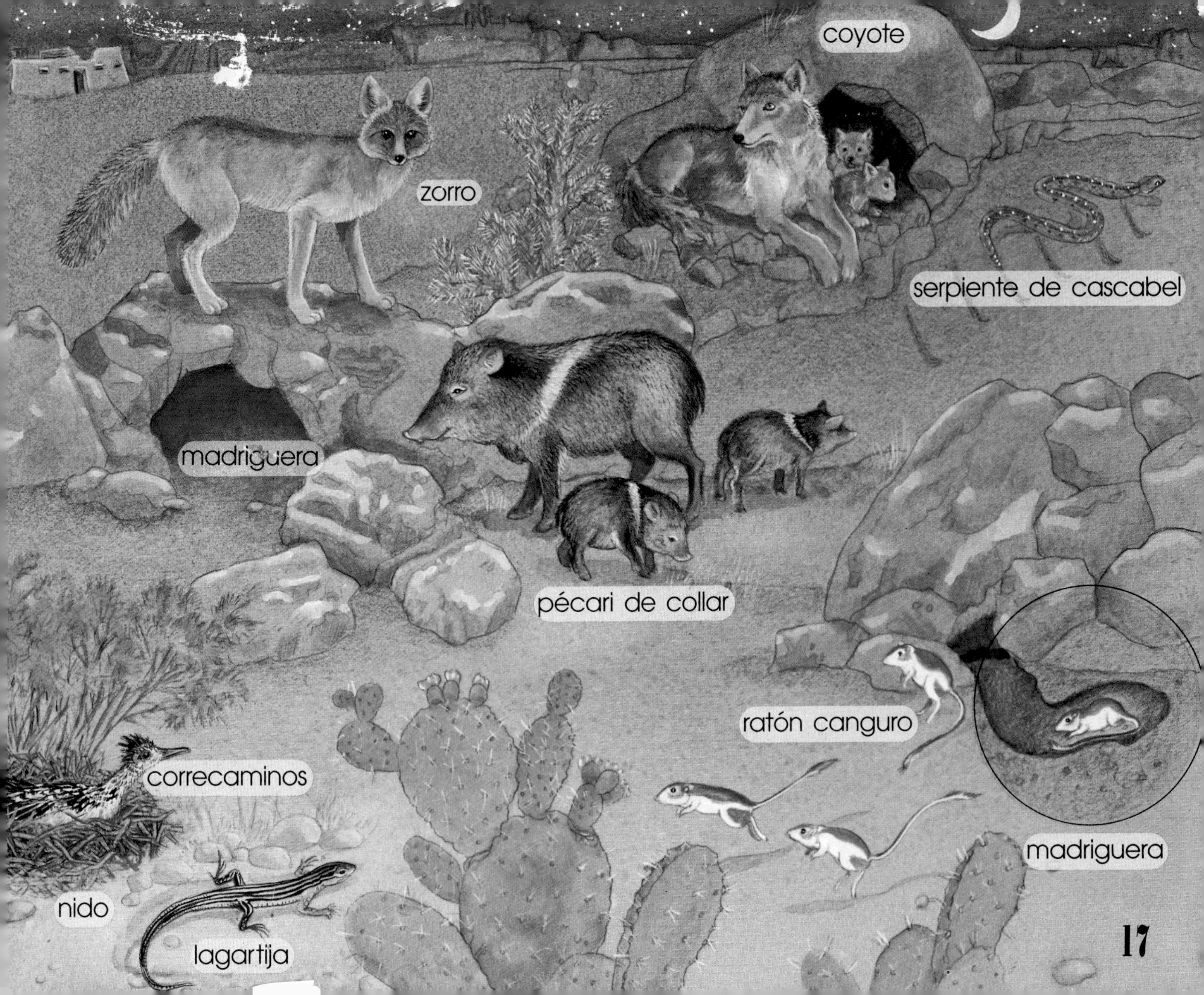
coyote
zorro
serpiente de cascabel
madriguera
pécari de collar
ratón canguro
correcaminos
madriguera
nido
lagartija

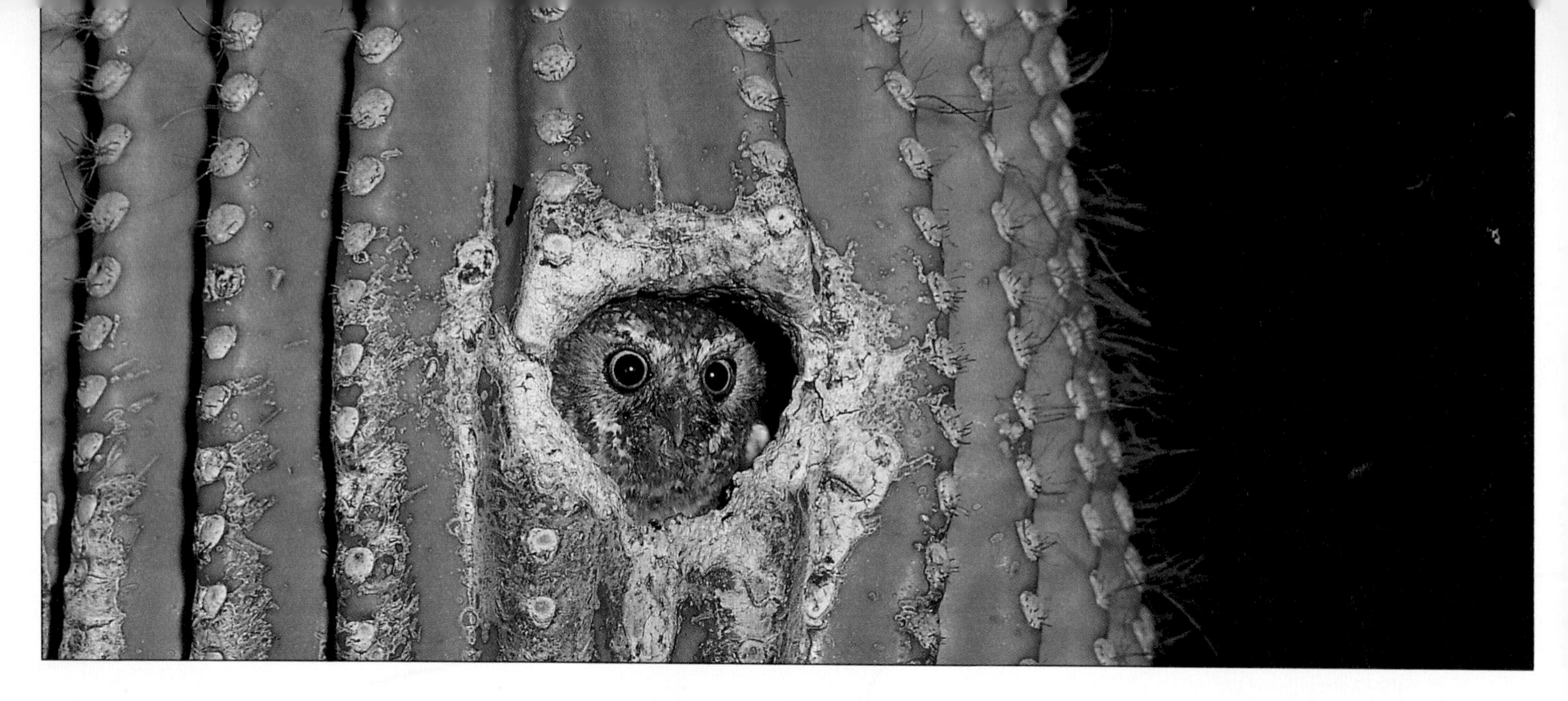

En el desierto hay lechuzas que viven en hoyos en los cactos. Los pájaros carpinteros hacen estos hoyos.

Estas lechuzas sólo salen de noche. Buscan insectos para comer.

Este animalito también vive en el desierto. Es un ratón canguro. ¿Por qué crees que tiene este nombre?

El ratón canguro hace una montañita de arena con muchos hoyos. Los hoyos son las entradas a su casa, que está debajo de la tierra.

Ratones canguros en un túnel de su casa debajo de la tierra

La madriguera del coyote tiene un "cuarto" al final de un túnel larguísimo. Ahí la mamá coyote tiene sus cachorritos. Los coyotes son famosos por sus aullidos durante la noche.

¡A-u-u-u-u!

Algunas de las personas que viven en el desierto tienen casas con paredes de adobe gruesas. Las paredes de adobe mantienen la casa fresca cuando hace calor y calientita cuando hace frío.

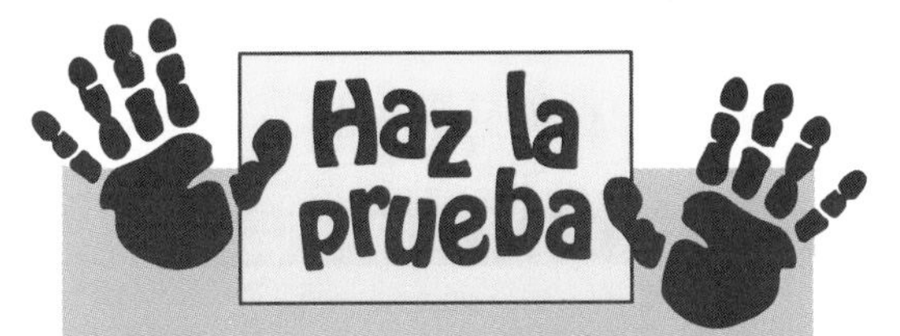

El adobe es un ladrillo hecho de una mezcla de barro y paja. Los ladrillos se forman en moldes de madera y luego se secan en un horno o al sol.

Puedes hacer tus propias figuritas de "adobe". Humedece un poco de tierra hasta que tenga la consistencia de plastilina. Añádele briznas de hierba seca. Forma figuritas de barro usando moldes como los que se usan para hacer galletitas dulces. Déjalas secar al sol para que se endurezcan.

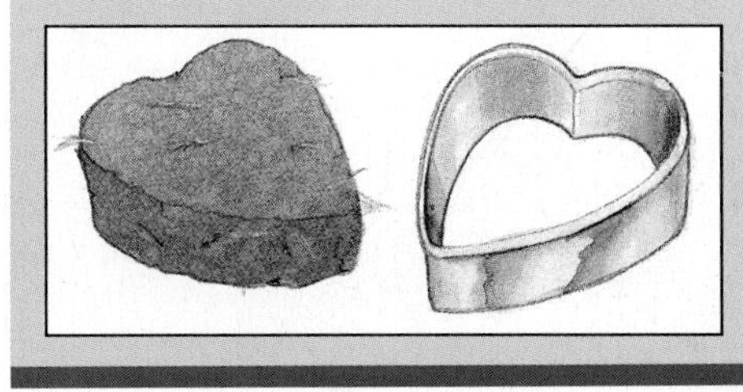

Por Todo el Mundo

Hay muchos tipos de casas en distintas partes del mundo. El tipo de casa que se construye en cada lugar depende del clima y también de los materiales que se encuentran allí.

En la ciudad de Hong Kong, donde vive muchísima gente, hay personas que viven en **casas flotantes** en el puerto.

En el norte del estado de Alaska, donde nieva mucho y no crecen árboles, se construyen **iglúes** de bloques grandes de nieve o hielo.

En este pueblo junto a un río de Indonesia las casas se construyen en **pilotes** para que queden elevadas sobre la superficie del agua.

En Irán, en el desierto, hay gente que vive en **tiendas** hechas de fieltro negro. Las tiendas se arman y se desarman con facilidad. Esto es importante, ya que esta gente mueve sus casas de un lugar a otro con frecuencia.

En este pueblo en África el barro es abundante. Las casas se construyen de una mezcla de barro y otros materiales.

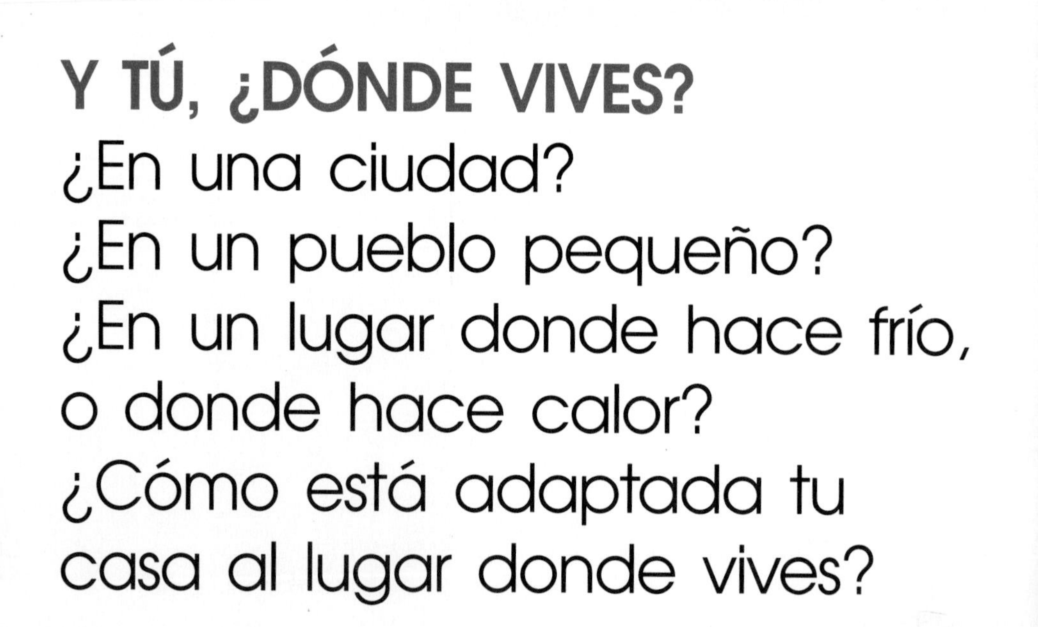

Y TÚ, ¿DÓNDE VIVES?

¿En una ciudad?
¿En un pueblo pequeño?
¿En un lugar donde hace frío,
o donde hace calor?
¿Cómo está adaptada tu
casa al lugar donde vives?